给孩子的博物科学漫画书

寻灵大冒险
Jungle Survival

对战帝王蝎

甜橙娱乐 著

U0185594

中国纺织出版社有限公司

图书在版编目（CIP）数据

寻灵大冒险. 1，对战帝王蝎 / 甜橙娱乐著. --北京：中国纺织出版社有限公司，2020.9
（给孩子的博物科学漫画书）
ISBN 978-7-5180-7638-3

Ⅰ.①寻… Ⅱ.①甜… Ⅲ.①热带雨林 – 少儿读物 Ⅳ.① P941.1-49

中国版本图书馆CIP数据核字（2020）第127258号

责任编辑：李凤琴　　责任校对：寇晨晨　　责任印制：储志伟

中国纺织出版社有限公司出版发行
地址：北京市朝阳区百子湾东里A407号楼　邮政编码：100124
销售电话：010－67004422　传真：010－87155801
http://www.c-textilep.com
官方微博http://weibo.com/2119887771
北京利丰雅高长城印刷有限公司　各地新华书店经销
2020年9月第1版第1次印刷
开本：710×1000　1/16　印张：10.5
字数：120千字　定价：39.80元

推荐序
开启神奇的冒险之旅吧

在我的童年时代，《小朋友百科文库》是我所读科普类书籍的主要组成部分。十多年前，我就一直想把来自世界各地的雨林动物以动画的形式展现出来，后因种种事情的牵绊未能付诸实施。这次重新筹划，我不但感到欣慰，回忆昔日，心中充满了温馨。

这是一部充满雨林冒险与团队励志的长篇故事，让所有的小观众们不仅能领略雨林中的大千世界，还能体会剧中主角们勇往直前、坚韧不拔的毅力。更倡导全世界未来的小主人公们，一起关爱自然，维护我们共同赖以生存的家园并与自然界中的生物和谐共处。

从 2012 年开发《寻灵大冒险》3D 动画，到今天已经累计在全球 100 多个国家发行。相关漫画图书在世界范围内售出 400 多万册，成为许多国家家长和学校高度推荐的畅销书。

　　希望所有的小读者们能与父母一起亲子共读此书，家长饱含深情地给孩子朗读和演绎故事，按照故事情节变换不同的语调和声音，会增加孩子情绪分化的细腻性，有利于孩子情感体验和情绪表达的科学发展。大一点的孩子完全可以自主阅读了，或许你会和故事中的主角们一样的勇敢啊！

　　下面让我们和剧中的马诺、丁凯等主角们一起，开启这趟神奇的冒险之旅吧！

《寻灵大冒险》《无敌极光侠》编剧

2020 年 7 月

人物介绍

马诺 ♂

男，11岁，做事有点马马虎虎，大大咧咧，暗恋兰欣儿，但对感情比较笨嘴拙舌，是全队的动力，时刻都会保护大家，待人很真诚。

丁凯 ♂

男，11岁，以冷静见长，因为自己很有能力所以性格很强，虽然不能成为全队的领袖或者智囊，但可以在队伍混乱时，随时保持冷静的观察和谨慎地思考，因为和马诺的性格不同所以演变成了微妙的竞争关系。

兰欣儿 ♀

　　女，11岁，看着像一个弱不禁风的小女孩，其实人小能量大，遇事沉稳，但难免有时会比较急躁，虽然总被惹事精的马诺所折磨，但觉得马诺在任何时候都会支持自己所以很踏实。

兰冰 ♂

　　男，7岁，兰欣儿的弟弟，年纪比较小，需要全队来保护，但同时又机灵敏捷，像个小大人似的喜欢说成熟的话，是个喜欢昆虫的宅少年。

卓玛 ♀

　　女，12岁，当地的土著人，淳朴善良勇敢，一直热心地帮助主角们渡过难关。

目 录

第一章

丛林遇险

沙巴沙丛林

哇！
好热啊！

啊！
真凉快！

喂，
你干什么！

什么？快把它还
给我，我热得快
要受不了了！

风开得这么大，
一会儿就没电了。

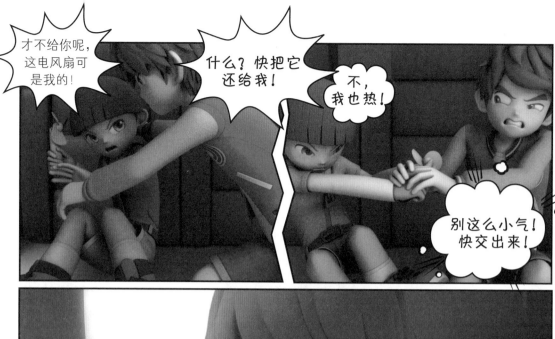

兰叔的脸像苹果一样红呢，没事吗？

我没事，别担心。

窗外

啊！下雨了啊！

应该是骤雨吧。

骤雨？

就是阵雨。你不是说你学习了丛林知识了吗？

啊！骤雨。我当然知道了，骤雨嘛。

5

7

他们在飞机降落的时候撑开了降落伞，安全降落在地面上。

马诺兴奋地看向四周。

11

知识加油站

婆罗洲丛林

　　婆罗洲是世界第三大岛屿，也是世界上物种最丰富的雨林地区之一，森林覆盖率超过 98%。婆罗洲丛林的生态系统中生存着 15000 种以上的植物与 1400 种以上的两栖类动物和鸟类、鱼类、哺乳类等。广阔的临海湿地和丰富的雨林资源孕育了茂密的植被和众多生物。但还有比婆罗洲丛林更大的丛林，最为代表性的就是亚马孙丛林和刚果丛林。

　　亚马孙丛林是南美洲大陆最具代表性的丛林，面积为 550 万 km²，横越 9 个国家，占据世界雨林面积的一半，占全球森林面积的 20%，是全球最大以及物种最多的热带雨林。全球 20% 以上的氧气是亚马孙丛林生产的。在亚马孙丛林里生存着合计 90.790 吨的植物和全世界五分之一的鸟类，被人们称为"地球之肺"和"绿色心脏"。

　　刚果丛林是世界上第二大丛林，位置在非洲大陆西部中央地带的丛林，宽度为 230 万 km²，有"地球第二肺"之称。这里生长着非洲 70% 的植物、600 种以上的树木和 10000 种以上的动物。著名电影《人猿泰山》的故事背景就在刚果丛林，所以在欧洲，这里被传为生存着各种神奇的动物，被称为神秘之地。

无花果

　　无花果属于桑科榕属，主要生长于一些热带和温带的地方，目前已知有 800 个品种，且绝大部分都是常绿品种。无花果是一种开花植物，但因为它的花生长在花序里面，不易被人们发现，人们误认为它不开花。无花果是世界上最早被进行驯化栽培的四大果树之一，四大果树还包括葡萄、海枣、油橄榄。无花果拥有几千年的栽培历史，早在 4000 多年前的埃及就有种植无花果树的记载。无花果的果实既可以直接生吃，也可以晒干后吃，拥有较高的药用价值，而且产量高，病虫害少，易于栽培管理。

　　在热带地区有一种非常奇特的藤类植物——寄生无花果树。寄生无花果树是一种无花果植物，它们将自己缠绕在树木上，直达树冠，以此来获得充足的阳光，其根包围着寄主树向下生长，扎进泥土里源源不断输送养料。它的根茎紧紧地缠绕和包围着寄主树木，切断了寄主树木输送营养的渠道，限制了寄主树木的生长，直至死亡。寄生无花果树虽然被称为树木扼杀者，但因为它有着旺盛的生命力，一年四季都能结果，为许多动物提供了丰富的食物，而鸟类就是其中最大的受惠者。

第二章

偶　遇

就只剩一支了。

卓玛跳下悬崖。

叔叔!

爸爸!

爸! 爸!

嗷

嗷

这是什么声?
好恐怖啊!

我也不知道,
不会是云豹吧?

什么?
你是说密林
之王—云豹?

密林之王是老虎,
云豹是丛林之王。

原来是这样。

都好了！再垫个夹板走起来会更方便一些，要不要试试？

哇，真的方便多了，谢谢你。

被云豹攻击时，本来想甩开它，不小心就这样了。

你这是怎么受伤的？

云豹？不是说云豹不太会攻击人类吗？

对。但是最近丛林里的动物不知怎么回事都变得非常凶猛，攻击人的事情也变多了，丛林里肯定发生了什么事情。

啊啊啊……

这不是竹节虫吗？

竹节虫？真不可思议！怎么会有那么大的虫子，这分明就是变异怪物嘛！

马诺向竹节虫砍去。

扑通……

你不能随便伤害生命！

怎么回事，你在干嘛?！

除掉一个变异怪物又怎么了？

在丛林中有一条规则，如果不是先受伤或者要用食物救人的话，就不能随便伤害生命！

41

好奇怪！这里太安静了！

云豹从草丛冲出来。

嗷

46

48

走吧，姐姐，
去找爸爸去！

可以告诉你们在哪里，但
就是你们去的话也找
不到那里的！
那个地方是丛林的最深处，
所以特别危险！

但是我们一点也不了解
哈玛族啊，连住哪
都不知道！

你是不是
知道？你能给
我们指路吗？

不论多危险多艰难，
我也要去找爸爸，
希望你能告诉我。

别担心卓玛，
我会照顾他们的！

竹节虫

竹节虫的身体尖细、腿长，因与竹子模样相似，故称为竹节虫。多数竹节虫的体色呈深褐色，少数为绿色或暗绿色，高温、低温、暗光可使其体色变深，相反，则体色可变浅。它们通常藏在树枝或树叶上很难被发现，是伪装大师。大部分种类身体细长，模拟植物枝条，少数种类身体宽扁，鲜绿色，模拟植物叶片。尽管所有类型的竹节虫都是食草动物，但是有些能分泌一种物质，对食肉动物或人类的眼睛和口腔产生刺激。

竹节虫主要分布在热带和亚热带，生活在森林或竹林中，是森林里的害虫，有的种类还危害农作物。竹节虫行动迟缓，白天静静地待在树枝上，晚上出来活动取食。它们有一手绝招：只要树枝稍被震动，它们就落在草丛中收拢胸足，一动不动地装死，然后伺机偷偷溜之大吉。

竹节虫是最长昆虫的世界记录保持者，现今为止发现的最长的竹节虫长达 56cm，这只在婆罗洲发现的竹节虫被伦敦自然历史博物馆收藏。

婆罗洲云豹

婆罗洲云豹体色以金黄为主，身上覆盖大块的深色云状斑纹，因此得名。一般成年云豹体长只有 55 ～ 110cm，体重约 15 ～ 23kg。婆罗洲云豹身体的颜色为浅黄棕色、深灰色等多种颜色。不管是哪种颜色都会带有云朵斑点。花纹比其他种类云豹稍微小一点，颜色偏深。它的腿比较短，头部长，犬齿锋利，能够咬杀体型较大猎物。云豹是婆罗洲最大的肉食动物，在热带雨林的食物链中属于最顶端，以猴子、小鹿、鸟等动物为食物。

婆罗洲云豹与现有云豹并非同一种类，它不像其他豹一样发出哭喊声，并且不喜欢在陆地上奔跑，而是喜欢在树上潜伏。当云豹安静地蜷伏在树枝上，很容易和树干融为一体，很难发现它的存在，因此，又被称为丛林杀手。身上的花纹让云豹有了适合潜伏的伪装，它们的身体结构则让其能在树上往来自如。云豹过去遍布亚洲的森林地带，如今却因为人类的贪欲和对森林的砍伐而濒临灭绝，已被列为中国国家一级保护动物。另国家呼吁停止虎豹骨入药，以减少甚至停止对云豹的捕杀。

第三章

友 谊

太好了!

将东西放入包中。

欣儿在和卓玛学习部落语言。

嗯,对。分开时打招呼叫"襄",谢谢就是"嘿吖嘿吖"!

记住怎么去哈玛族要塞了吧?

嗯,对!

从这边一直走的话就会看到河,顺着河一直走的话会有瀑布,因为那里有个岩石像乌鸦,所以叫乌鸦瀑布!瀑布下面有去要塞的路,对吧?

59

67

71

赶快跑！

帝王蝎被踢中，掉入水中。

帝王蝎

　　帝王蝎的原型是马来西亚的雨林蝎。马来西亚雨林蝎属于蛛形纲蝎目，是生存于东南亚地区的一种体型庞大的蝎子。它的体色乌黑发亮，犹如钢琴一般，体长 15cm 左右。马来西亚雨林蝎钳子光滑少毛且细长。它们强而粗壮的前螯，高翘尾部上的针钩，看起来很威武。虽然它们相貌可怕，但其实毒性很小。普通雄性的钳子比雌性大一些，但雌性身体比雄性大，因为它们不仅产卵还会把卵保管在身体内等卵孵化生下幼蝎。幼蝎出生后直到能够单独离开母蝎为止，会一直待在母亲的背上。

　　马来西亚雨林蝎生长过程中会蜕去僵硬的外壳，生长期间一共会脱掉 5 ~ 7 次表皮，脱掉表皮之后重新长出来的外骨骼在一定时间内是柔软的。与体型小的蝎子不同，它们靠的是挥舞着两只大钳来制伏猎物，用不着那可怕的毒针。但马来西亚雨林蝎的毒液不会达到一下将人致死的程度，而且在面临危险之前它们也不会主动去攻击人类。

第四章

迷之剑

静悄悄。

丛林里的秘密寺院。

在那儿，
终于找到啦！

99

太阳熊

　　马来熊，又称太阳熊，属哺乳纲食肉目熊科，是全世界现存体型最小和唯一不冬眠的熊科动物。

　　马来熊成年体长约 1.2～1.5m，体重 27～75kg，圈养情况下，最长寿命大概 24 年。主要分布在东南亚及南亚的热带与亚热带的森林中，在中国也有少量分布。全身黑色，体胖颈短，头部短圆像狗，胸口处通常有一块显眼的浅棕黄或黄白色"U"型斑纹，因此得名"太阳熊"。此外，它还长有宽大的脚掌，前肢呈弓状弯曲，掌向内撇，还有尖利的呈镰刀型的爪钩，可以轻松爬到树上，被称作"爬树专家"。马来熊胆小怕冷，生性孤独，白天在离地 2～7m 的树上休息，夜间行动，拥有较为宽阔的活动领域。

　　马来熊是杂食性动物，不仅会利用自己的长舌头吃一些类似如白蚁、蚯蚓之类的虫子，也会捕捉一些小型啮齿类动物、鸟类和蜥蜴等，往往各种美味的果子、蜂蜜和棕榈油也会是它的盘中餐。它有时会用两只前掌交替着伸进蚁巢挖掘再舔食掌上的白蚁。粗糙短毛的保护可以让它免遭蜂蜇。成年后的马来熊非常危险，具有攻击性。

　　人类的采捕和干扰以及森林砍伐造成的栖息地退化，导致马来熊全球种群数量正在急剧下降。马来熊在中国已被列为一级保护动物，也正在努力通过人工饲养建立稳定的繁殖种群。

第五章

混乱的战斗

113

丛林

卓玛在整理箭。

卓玛,你的箭好特别啊!

我们部族从很久以前就用箭狩猎了,

而我们的传统就是用自己做的箭头狩猎。

真的吗?那刚才那些都是你做的吗?

嗯哼,也只有我才能用这些箭头。

好酷啊!

120

123

131

134

七彩虎甲虫

　　七彩虎甲虫的原型是金斑虎甲。金斑虎甲属于虎甲科鞘翅目，是完全变态的昆虫，经历卵、幼虫、蛹和成虫四个阶段。虎甲体长约 2cm，体色艳丽，鞘翅上具有金黄色的色斑，有闪烁的金属光泽。上颚很发达，弯曲且有牙齿，强劲有力。后翅比较发达，能做短距离的飞翔。由于虎甲身手矫健，可消灭许多害虫，再加上其色彩在阳光照射下显得变化莫测，故深受人们的喜爱。

　　虎甲鞘翅长，盖于整个腹部；眼睛突出，视力很好，警觉性高；超长超快的腿，奔跑和飞行的速度都很快，具备优秀捕食者的最好条件。幼虫和成虫贪食，吃起东西来一副狼吞虎咽的样子，因此而得名。金斑虎甲全世界大约有 2000 多种，各地区均有分布，但大多数都生活在热带和亚热带地区，特别是阳光灿烂和多砂土的地方。

　　虎甲为肉食性昆虫，习性凶猛，善于捕食。幼虫在地下约 0.7m 深的洞穴里生活，饿的时候就爬到洞口用下颚像镰刀一样的口来捕捉食物，幼虫的腹部有一对足钩，所以不论被捉住的食物如何挣扎，都摆脱不掉被拖进洞里被吃掉的命运。

　　虎甲虫在阳光下尤为活跃，它们喜欢停留在路面上，看到有人走近就飞走，有时还会倒着飞行，故有人将它们称作"拦路虎"或"引路虫"。它可称得上是"世界上行动最快的生物"。由于它们行动速度太快，但其复眼结构限制和大脑处理能力不足，所以一旦它们在极速奔跑时，就可能出现瞬间失明的情况，但它们发达的复眼能够快速聚集，重新定位猎物或方向，然后再开始奔跑。

第六章

少年登场

姐姐，
去马诺哥哥和卓玛姐姐
那儿看看吧！

不，
还是在这等着
比较好。

不过有点担心
他们呀。

现在我们出去
他们回来的话就走岔了，
别担心！应该没事吧！

知道了，
姐姐！

真有趣儿！

穿山甲如果感到危险的话，就会卷起来用坚硬的外壳保护自己。

另外，还会像臭鼬似的放臭气。

呜呜呜

真臭啊！

走开！ 走开！

姐姐，快拉我下来！

啊！啊！

啊！

待在原地！

搏斗中，眼镜王蛇被剑刺中。

143

姐姐，别管了！那傻瓜跟他说了也白说。

接招吧！

夹住

啊！

马诺哥，我看你才真是的！别闹了！

别吵，小家伙！

其实是他刚刚救了我们。

看你好像不是原住民，你为什么来这里？

其实……我在旅行。

什么？怎么有点怪怪的！像你这么小的家伙居然自己旅行？

你是不是食人族？是不是想把欣儿也给绑走？

傻瓜，那他为什么还要救我们？

151

152

眼镜王蛇

眼镜王蛇体色呈乌黑色或黑褐色，具有较窄而色淡的环带，尾部为土黄色，腹部为灰褐色，有黑色线状斑纹，体型较大，平均为 3.6 ~ 4m，一般体重为 6kg。是毒蛇中体型最大。

眼镜王蛇与真正的眼镜蛇不同，它并不是眼镜蛇属的一员，而是属于独立的眼镜王蛇属。相比其他眼镜王蛇它性情更凶猛，是世界上最危险的蛇类之一，反应也极其敏捷，头颈转动灵活，不但可向前后左右攻击，还可以垂直窜起来攻击头顶上方的物体。眼镜王蛇通过长达 1.25cm 的毒牙喷出毒液。

眼镜王蛇的食物通常是其他蛇类，其体内有抗毒的血清，所以当其他毒蛇对眼镜王蛇撕咬时，眼镜王蛇通常会安然无恙。它是一种智商很高的蛇类，在捕猎其他蛇时，能分辨对方是否有毒。在捕食毒蛇时，眼镜王蛇会不断挑衅，直到猎物最终被激怒向它发起进攻，眼镜王蛇会机警地躲闪，待对方身心疲惫时，一口咬住猎物的脖颈释放毒液将其杀死。

眼镜王蛇分布在我国浙江、福建、广东、海南等地区，国外分布于东南亚及印度境内。眼睛王蛇多栖息于沿海低地到海拔 1800m 的山区，多见于森林边缘的近水处，在民居村落也有发现，一般隐匿在岩缝或者树洞里，有时也能爬上树，往往是后半身缠绕在树枝上，上半身悬空下垂或者昂起。

在野外活动最好穿高帮鞋，在草木生长繁盛的地方要用木棍不断拨动以赶走毒蛇。一旦不小心被蛇咬伤后，一定要冷静下来，尽早施救。在伤口靠近心脏的一端扎紧血管，挤出伤口中的毒血。千万不要用嘴吸，防止二次中毒，同时尽快送到附近大医院紧急就医。